我家有兩隻柴犬。

同樣是柴犬，
個性卻差很大。

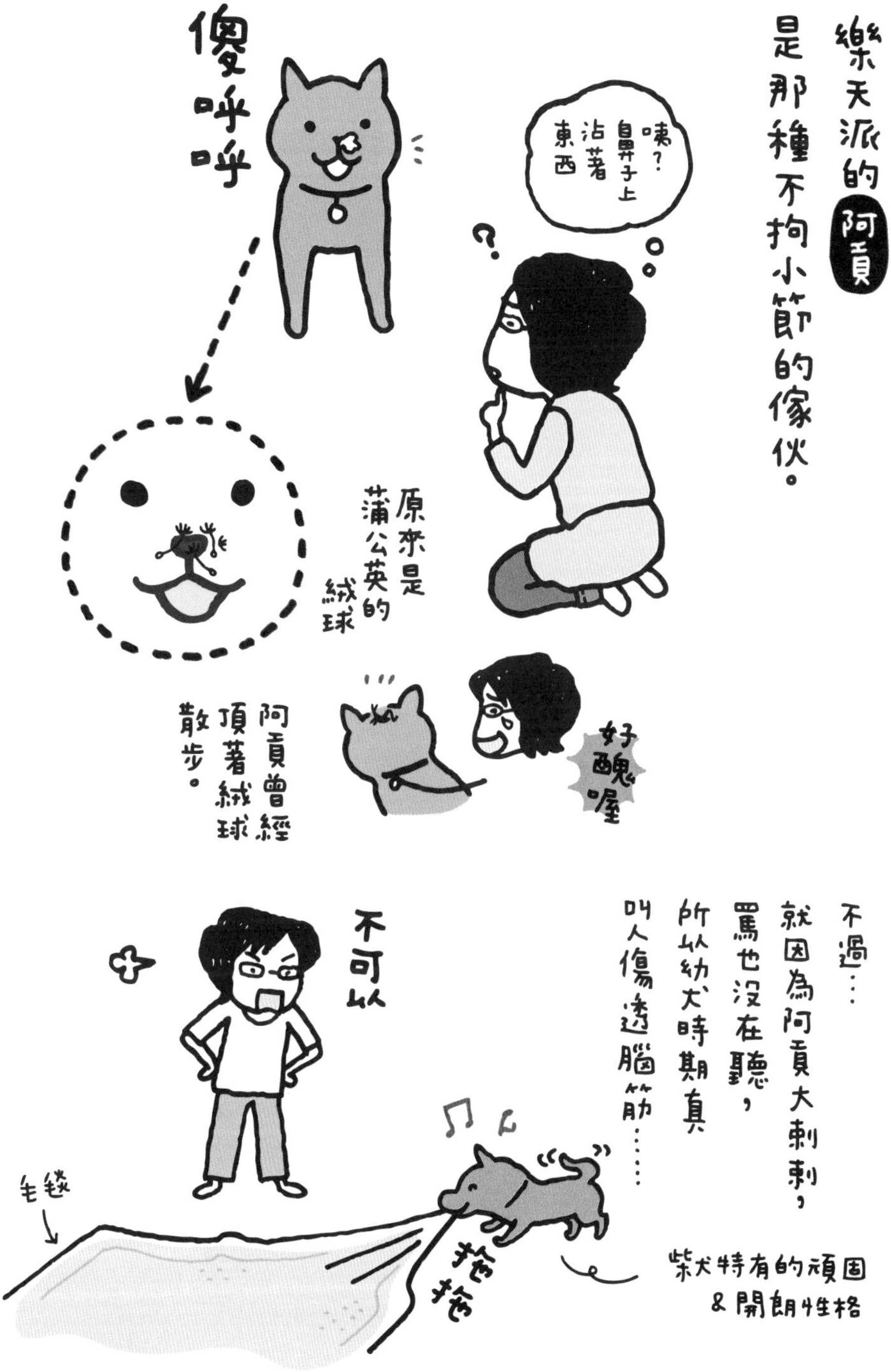
樂天派的阿貢
是那種不拘小節的傢伙。
咦？鼻子上沾著東西
傻呼呼
原來是蒲公英的絨球
阿貢曾經頂著絨球散步。
好醜喔
不過⋯⋯
就因為阿貢大剌剌，
罵也沒在聽，
所以幼犬時期真
叫人傷透腦筋⋯⋯
不可以
毛毯
拖拖
柴犬特有的頑固
&開朗性格

別看小哲在家作威作福，出了家門可是膽小如鼠。

嗚
嗚
嗚
可說是名副其實的暴犬!!
連阿貢的玩具都敢搶，搞破壞。

卻又很神經質。

小心翼翼地吃著從沒吃過的零食。
怕怕……
你連主人我也不信任啊……
o。

小哲直到兩歲多，
個性才稍微沉穩些，
連熟識的裱褙店
老闆娘都說：
「牠的眼神柔和多了。」

在裱褙店的這段時間，
小哲裝乖地
靜靜等我辦完事。
哈哈哈
牠的屁屁
還靠著我的腳

小哲就這樣慢慢地
朝熟犬之路邁進……。
今天很乖喔

當然兩隻小傢伙
也有一言不合，
大打出手的時候。
暖呼呼
暖呼呼
咪!
咚咚!
砰砰!
有時候又會
感情好得
一起做日光浴。
一團和氣
真希望
永遠都是
這樣

某天午後
打盹中……
原以為這般
祥和又安穩的日子
會一直持續下去……。
呵呵…
總是會輕碰我的身體

但故事並未
從此結束……
嘶
嘶

目錄

序章……001

PART 1 我家有兩隻個性差很大的柴犬

❶祥和的日子終究無法持續
某天小哲突然討厭洗澡!?……014

❷清理耳朵是導致關係惡化的導火線?
小哲討厭別人碰觸牠的身體，得想辦法矯正牠這個壞毛病才行……022

❸一不小心就縫了18針
雖然教養師的出現帶來希望，但我還是嘗到苦頭……030

PART 2 想成為值得信賴的主人!

❹又開始過著膽戰心驚的生活
暴犬小哲讓阿貢備感壓力，我得振作起來才行!……042

❺感謝超級遲鈍的阿貢!
不記仇的阿貢自有牠的相處之道，這般精神值得學習……050

阿貢
(公的・13歲)
不怕生。
個性溫和，大剌剌。

小哲
(公的・5歲)
家裡的小霸王，
個性神經質又膽小。

PART 3 阿貢與小哲的絕妙關係

❻小哲的眼神又變得溫順可愛
春天來臨時，小哲的個性也慢慢有了改變！……058

❼打打鬧鬧的兄弟情
總是床頭吵，床尾和的兩隻狗，阿貢抓住如何和小哲和平共處的訣竅……082

❽小哲的狗語真難懂！
又突然抓狂的小哲到底在想什麼啊!?……090

PART 4 哥倆好的每一天

❾老大換人做
我終於發現小哲是為了控訴某件事而抓狂！……104

❿尋找「最適合我家的生活方式」
野餐和便當策略超有效果！當然阿貢也受惠囉！……112

後記……126

○阿貢 小哲 小趣事……038・066・100・124

○阿貢與小哲的寫真日記……068

○某天的阿貢與小哲……073

HAPPY BIRTHDAY

PART 1

家有新成員

用一般方法是行不通的

回溯到阿貢十歲，
小哲兩歲的時候，
記得那時是秋天。
快步走…
!?
小魔女!!
萬聖節嗎？
汪

話說阿貢…
還不想拉嗎？
可是昨天都沒上大號耶！
……
季節一變，
阿貢就有便秘的煩惱，
明明小時候不會這樣啊！

阿貢也上了年紀吧。
就算一旁的小哲拚命逗弄，
牠還是不理不睬，
沒啥反應。
（懶得理牠嗎？）
老神在在……
搖搖
搖晃窗簾
使出各種手段
逗弄阿貢的小哲
搖
搖
匍匐前進！

有時候會搖搖
尾巴回應一下。
啊嗚……
搖搖
哇塞！終於有點反應了！
汪！
汪！
汪！

對了！最近我很熱中一件事！

散步回來後，就抱著阿貢和小哲去洗澎澎。

先幫牠們洗腳。

兩個小傢伙居然能和平共處在如此狹窄的空間，只能說是奇蹟啊！要是以前的話，早就大打出手了。

然後到洗手間
那邊擦乾腳…
擠來
擠去
阿貢和小哲互相推擠
看誰先衝出去。
真是
怪ㄋㄟ
超喜歡看
牠們這樣
幹嘛每次都
要這樣呢?
算了,
看牠們這樣
也挺有趣的。
跄跄跄跄跄

某天
明天要是天氣不錯，就要幫阿貢和小哲洗澡！
決心
在家幫狗狗洗澡要有心理準備
趁天氣轉涼前，幫阿貢和小哲洗澡。
這是幫小哲洗澡的情形
於是當天
浴室
老公幫牠洗澡
洗手間
我餵牠吃零食
一開始還滿順利的。
嚼嚼
好乖 好乖
真是個乖孩子—
是的，一直都很順利。
沒想到小哲卻突然……
嗚…
?

小哲開始低吟、抓狂。
!?
嗚
!?
老公極力安撫
別生氣嘛！乖喔～～
咆嗚嗚嗚
小心會被咬!!
可是還沒有洗乾淨啊？
汪！汪！汪！
別說了！趕快沖一沖啦！
快點啦!!

看來小哲已經耐不住了。只好想辦法先安撫牠，再趕快洗一洗。

趕快用毛巾擦乾身體…

再來就是做日光浴，讓身體自然乾…

話說回來，
小哲對於洗澡一事
的反應也太激烈了。
真搞不懂你

!!
呵呵
這難不成會是
小哲這輩子
最後一次洗澡？
不好的預感

後來才發現
這時小哲開始
「變得怪怪的」
為什麼
被洗的傢伙
累成那樣？
乏乏乏…
這天除了阿貢之外，
其他人都累癱了。
幸運逃過洗澡
一劫的阿貢

清理耳朵是導致關係惡化的導火線？

雖然阿貢很討厭清理耳朵，
但還是乖乖地讓我幫牠清理。

用溫水沾濕之後
再用擰乾的紗布，
輕輕擦拭阿貢的耳朵。
好乖喔！
再一下下就好囉！

呵！
小哲也想試試看嗎？
你慢慢就會習慣的
忍耐
搔搔

事實證明，真是給自己找麻煩。

於是我試著幫小哲清理耳朵。

因為是第一次，先清一下下就行了。
呵呵♫
？
來，吃點零食吧！
乖孩子
呵呵♫
嚼嚼
再清一下哦！
呵呵呵…
汪
唉
果然被毫不客氣的拒絕…

看來我真的給自己找麻煩。
想說給點零食應該就能搞定…
我是不是太莽撞啦？
小哲沒辦法像阿貢一樣乖乖讓我清理耳朵
反省
還被咬了一口
啵
小哲似乎對我萌生不信任感，我卻一點也沒察覺。

小哲突然很討厭別人碰牠的身體。

想幫牠洗腳，卻跑給我追。

連洗澡一事也抗拒不已。

用零食引誘也沒用。

好啦！那就不幫你洗了！
來！抱抱！
擦一擦身體就好了！
燃燒
咬！
哇叩呵！
結果連伸手討抱抱都被咬。
壞孩子!!
還用前腳踩住我的手指……
反省中的小哲

狗狗的心理
隨時教牠
嗯…
會讓你乖乖地摸牠的身體…
飼主的
教牠學會等
狗狗的教養方法
明明以前都會乖乖地讓我擦腳啊
翻
遇到這樣的狀況怎麼辦呢?
153
155
是很想試試啦!但八成行不通啦…
到底是哪裡出錯呢?
不適用於小哲…
犬のしつけ
不會吧…
嗚!
如果情形還是沒改善的話，應儘早向動物行為治療專家諮商。
155
154

寵物
總之，必須及早糾正牠的怪癖才行!!
跑一趟書店。
走走走
嗯……
建議找「專家」諮詢…
看來這下子得有相當的覺悟才行……
總覺得現在不想辦法解決，後果不堪設想。

一不小心就縫了18針

影山家最近可說雞犬不寧。
一碰小哲的身體，就很擔心會不會被牠咬
摸牠的後脖子，牠也會突然抓狂……
汪
是你自己靠過來要我摸的啊!!
連阿貢經過牠的狗窩前面，都會被嗆聲…
嗚
一被嗆就嚇得往後退
總之，對小哲還是採分次餵食方式。
食物不能一次給足，要分次給。
(不曉得何時才能餵完)
食盒一空，就守著食盒抓狂!
丟
趁最後丟顆零食給牠追時，趕緊回收食盒。
收

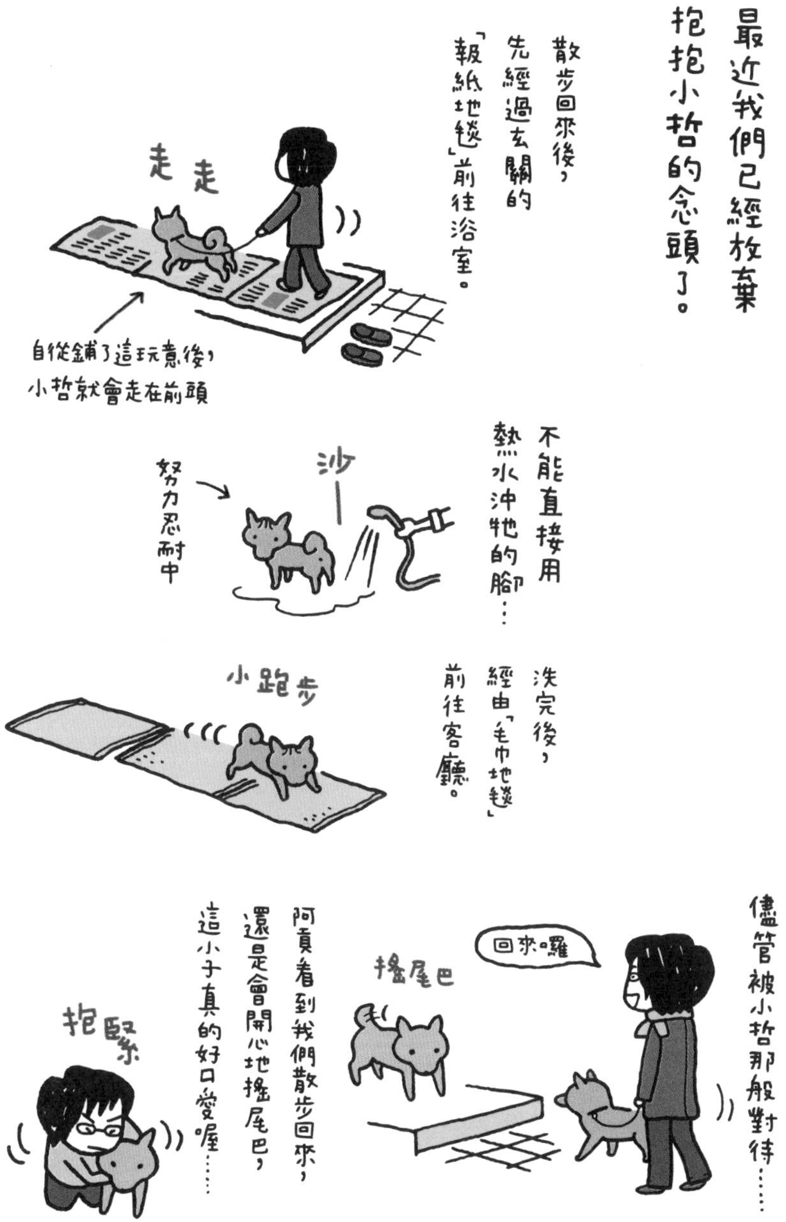
最近我們已經放棄抱抱小哲的念頭了。
散步回來後，先經過玄關的「報紙地毯」前往浴室。
走走
自從鋪了這玩意後，小哲就會走在前頭
不能直接用熱水沖牠的腳…
沙—
努力忍耐中
洗完後，經由「毛巾地毯」前往客廳。
小跑步
儘管被小哲那般對待……
回來囉
搖尾巴
阿貢看到我們散步回來，還是會開心地搖尾巴，
這小子真的好可愛喔……
抱緊

為了阿貢，為了全家，
為了能夠快樂的生活，
我決定找專業人士
諮商小哲的事!!

努力寫
每天記錄這兩個
小傢伙的點點滴滴

於是我從寵物教養書裡
列出來的專業教養師名單中，
找到一位住附近的教養師。

先傳真給對方說明一下情況，
再打電話聯絡……

這種情況還是早一點解決比較好。
最快下個禮拜可以到府上拜訪。
太好了！謝謝！

專業教養師會過來……
心情一下子變得好輕鬆!!

那天晚上的酒
格外好喝……

老公不在家

於是一位
打扮光鮮亮麗的
「女教養師」來到我家。

搞不清楚狀況，
非常好客的阿貢與小哲。

女教養師連小哲
調查她包包的模樣
都很仔細地觀察。

先向教養師說明一下情況，
接著就情況進行諮商．指導

↓

實行＆報告（利用電話．mail）

↓

諮商．指導

大概是這樣的流程。必要時，教養師也會到府協助。

我問教養師為何
小哲會突然討厭
別人幫牠擦腳呢？
擦腳
洗澡
刷牙
剪指甲
要讓狗狗了解……
新的行為或事物，一定要有
牠們可能會排斥的心理準備。
太早不給獎勵
也是原因之一。
小哲還小時，
擦腳都會給牠零食獎勵，
可是最近想說牠已經
習慣，就不給了。
原來如此……

原來不是突然變成這樣，
而是沒有準備好的緣故啊！

不管擦腳、食盆，還是兩隻小傢伙的相處情況……從那天開始，我便照著教養師的建議確實執行。

有時候很順利，但也有完全行不通的時候。

得意
趁小哲專心吃零食
或玩玩具時，
幫牠擦腳
故意弄得讓牠
不太容易吃得到
嗚～

一開始還很順利，沒想到3次之後就行不通了。
教養師說要是小哲肯給人擦腳，就不用再給零食了。
可惜這辦法好像不適用於這個貪吃鬼身上，
只好趕緊找教養師商量!!

於是教養師建議我暫時不要幫牠擦腳，避免加深牠對擦腳一事的反感。

從外頭散步回來時，
先經過鋪在玄關的毛巾再進屋。

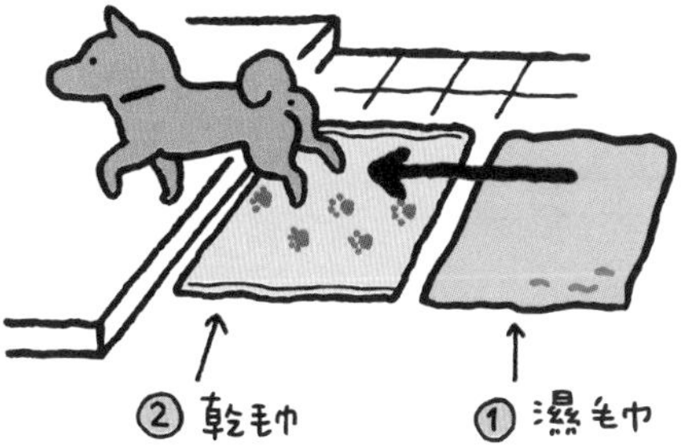

② 乾毛巾
① 濕毛巾

搞得地板有點髒就算了……
再弄乾淨就行了。
總比被某個傢伙咬好……

了解
總之，千萬別硬是要碰觸牠的身體哦！
有人曾經被狂咬，縫了好幾針呢！

我牢記教養師的忠告。

那天早上又濕又冷
分別帶兩個小傢伙出門散步
都淋濕了
幫牠稍微擦一下身體吧……
這樣都能接受的話，應該慢慢就能習慣才是！
擦擦
哧
OK！擦好了！
呼！太好了。
嗚汪
嗚汪
嗚汪
這傢伙翻臉比翻書還快。
狂咬毛巾的小哲抓狂到最高點。
!

怎…
真是有夠倒楣！
傷痕累累
記得教養師曾說……
有人曾經被狂咬，縫了好幾針呢！
了解
你怎麼這麼壞啊!?
趕緊衝回家用毛巾包住手……
阿貢嚇呆了
衝去附近的醫院!!
這輩子第一次躺在手術台上
被咬了3個傷口，一共縫了18針
亮！
亮！
這輩子第一次拜託編輯能不能晚點交稿……
不好意思……
我真的很氣自己，沒有聽教養師的話！
結果連部落格…
也沒辦法寫。

阿貢小哲
小趣事 1
現在小哲的個性大概是這樣的感覺
若是一般情形……
我幫你按摩一下肩膀吧！
沒關係，不用了
要是這樣就好了……
就想成家裡有個脾氣比較暴躁的人……
了解
教養師
我只是幫你按摩一下肩膀……
臭老太婆，少惹我！
出拳

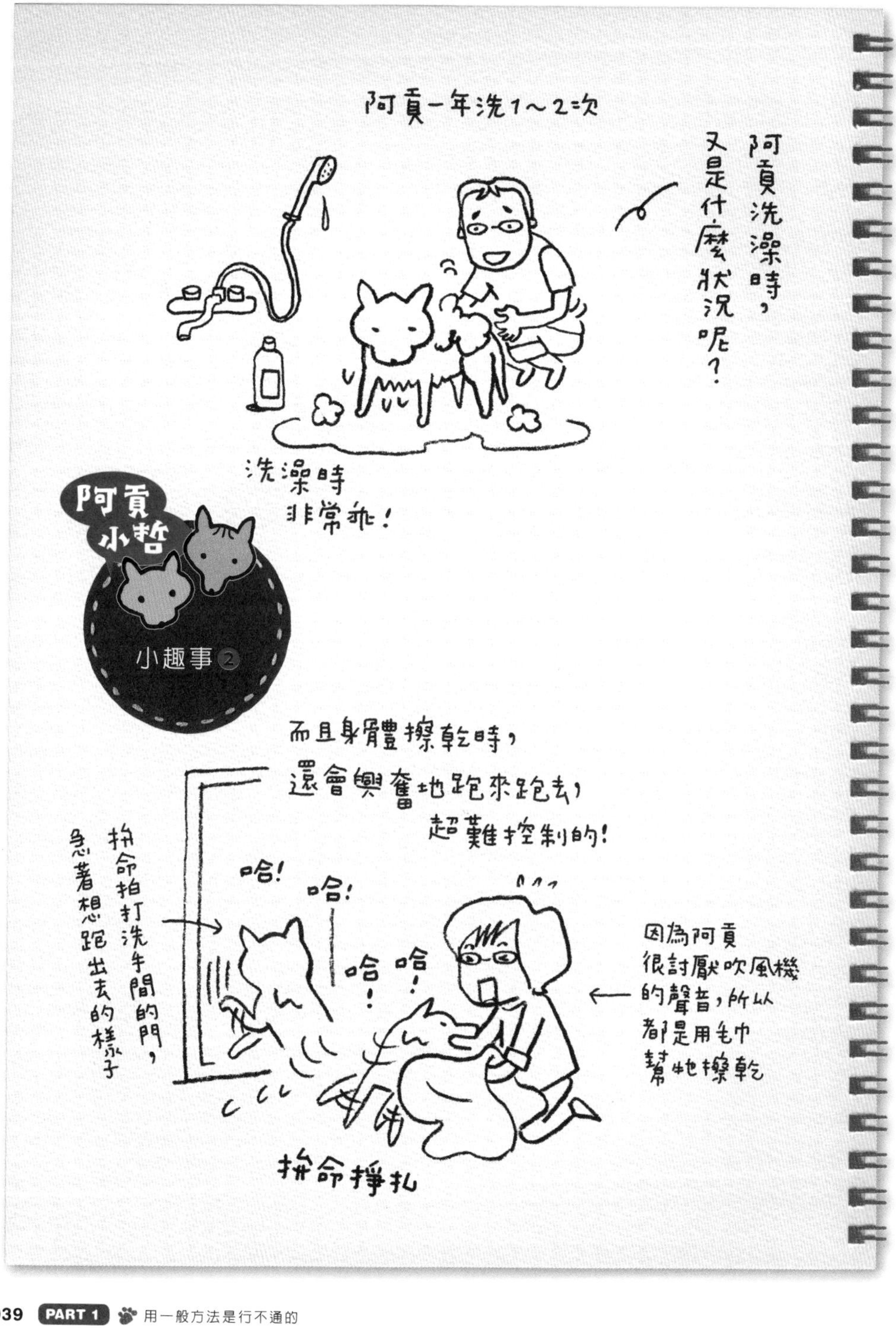
阿貢一年洗1~2次
阿貢洗澡時，又是什麼狀況呢？
洗澡時非常乖！
阿貢小哲
小趣事2
而且身體擦乾時，還會興奮地跑來跑去，超難控制的！
哈！
哈！
哈哈！
拚命拍打洗手間的門，急著想跑出去的樣子
因為阿貢很討厭吹風機的聲音，所以都是用毛巾幫牠擦乾
拚命掙扎

發想各種作戰策略

譬如吃完飯後，如何輕鬆收走食盒的方法

拴在家門口
去！
食盒上還綁了一條繩子

阿貢小哲
小趣事3

哧赤！
吃完後就拉一下繩子，迅速收回食盒！
沙——

第一次牠沒啥心理準備，所以頗成功。
可是兩、三次後反而惹得小哲更暴躁，
只好宣告失敗。

PART 2

想成為值得信賴的主人！

想成為值得信賴的主人！

又開始過著
膽戰心驚的生活

影山家又陷入
風聲鶴唳的氛圍中
故作開朗的我，
其實滿害怕
恐怖攻擊事件
再次重演……

膽戰心驚
吃飯囉！
汪
汪
汪
不是叫妳
趕快拿來嗎

問題是，
平常只有我在
照顧牠們。

被小哲攻擊的隔天傍晚
又開始帶牠們出門散步。

因為我不想
被小哲「看扁」……

當然最重要的原因是，
要是不讓小哲發洩一下，
不知道又會出什麼狀況。

對於發生這樣的事情
感到非常遺憾的
「教養師」這麼說。

您先別去想要如何
教養小哲成為一隻
守規矩，有教養的狗。

只要想辦法修復和小哲的關係就好了
總之，先別做任何會被牠攻擊的事
好的，我了解……
雖然不曉得要花多久時間，
但我相信總有一天還是會像這樣的……
小哲！
緊抱

小哲眼睛又沾著眼屎……
好想清掉
忍～忍～
弄得家裡到處都是牠的腳印……
身上沾了好多野草……
哇…
裝作沒看到!!
因為自己深受其害，所以也嚴格要求老公！
絕不
其實這種事情習慣了就比較不在意，反正又不影響牠的健康!!

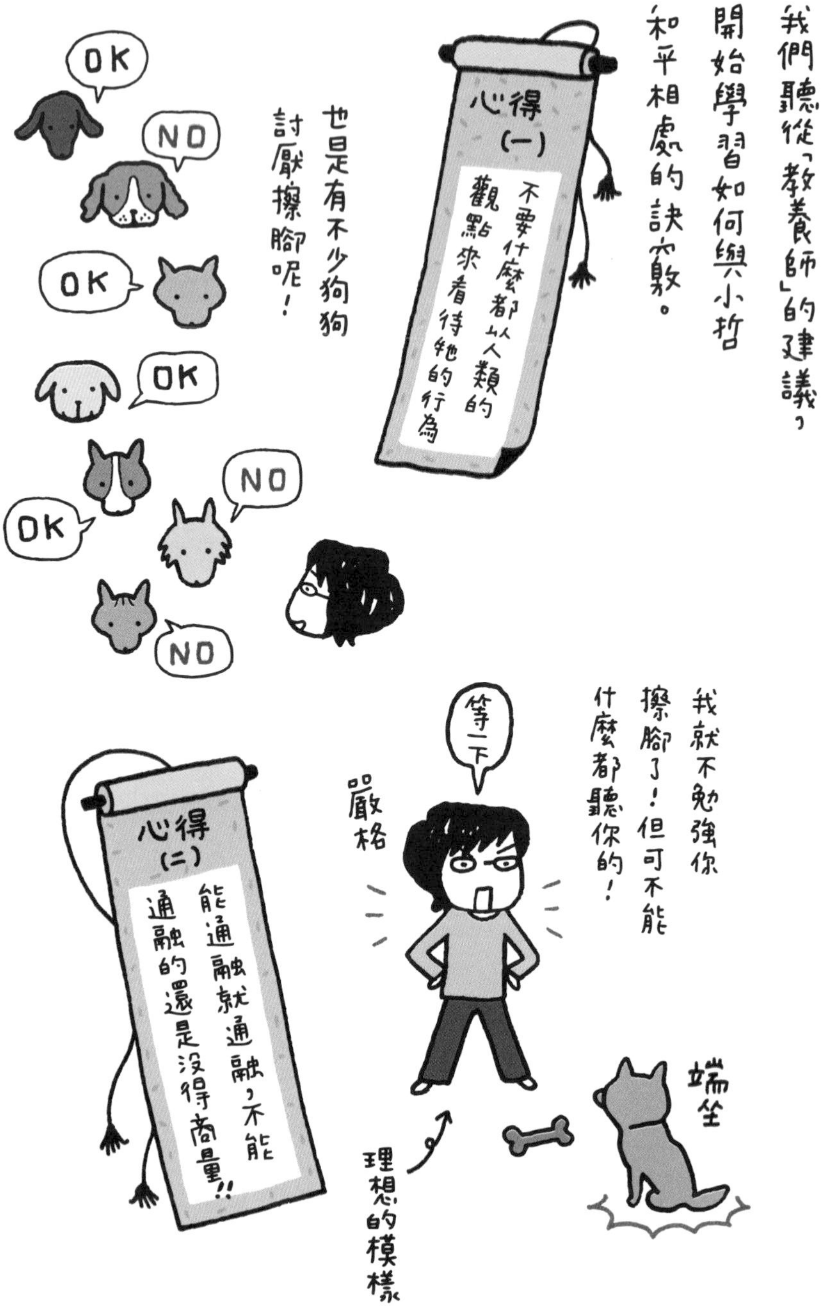
我們聽從「教養師」的建議，
開始學習如何與小哲
和平相處的訣竅。
心得
(一)
不要什麼都以人類的
觀點來看待牠的行為
也是有不少狗狗
討厭擦腳呢！
OK
NO
OK
OK
OK
NO
NO
我就不勉強你
擦腳了！但可不能
什麼都聽你的！
等一下
嚴格
心得
(二)
能通融就通融，不能
通融的還是沒得商量!!
端坐
理想的模樣

心得
(三)
一定要成為能讓
小哲信賴的主人

教養師提醒：為了避免小哲成為家裡的小霸王，不能讓牠對妳產生不信任感。

一旦對妳產生不信任感，牠會更為所欲為。

問題是，實際執行起來超困難。

小哲的脾氣依然陰晴不定，只要稍微靠近就被吠。

你到底在不爽什麼啊!?
汪汪

家裡一片肅殺之氣，

阿貢大概也感覺到了吧！

某天吃飯時
阿貢，吃完了嗎？
因為吃飯時的小哲最狂暴，所以我讓阿貢在洗手間慢慢吃。
嗚～
而且那天這傢伙特別火爆
小口吃
小口吃
嚇
驚見阿貢顫抖著身子，一顆顆地吃著狗食。
明明從前都是一副大快朵頤的樣子……
第一次看到阿貢這樣，讓我備受衝擊。

感謝超級遲鈍的阿貢！

即便如此……

為什麼現在這麼愛撒嬌，吃飯時卻給我臉色看呢？

感覺每天都被這傢伙質問……

人家今天也很可愛嘛！今天也會幫我準備飯飯吧！

十分神經質的小哲可能因為壓力的緣故吧！最近經常咬自己的身體。

而且老是咬同一個地方，毛都快被牠咬光了。雖然餵牠吃了動物醫院開的藥，但這終究是心理問題。

藥袋
小哲
○○○……

但不可思議的是，阿貢和小哲每天還是玩得很開心，一起做日光浴。

搖 搖
誰怕誰啊！
來啊！
汪！

兩個小傢伙打打鬧鬧，好得跟什麼似的。

碰！
跑跑跑
嗚～
跑跑跑

(注)阿貢這記鐵頭功，撞得有夠痛！

就算老是被欺侮，我想阿貢也不會討厭小哲吧！
真是多虧了阿貢啊！
讓我多少安心點……

今天老公
竟然逗小哲。
好乖、好乖！
小哲
看起來也
很開心的樣子。
知道啦！
小心玩太High
會被牠
咬哦……
我醜話先
說在前頭……
咬

你這壞孩子!!
可惡～
壞孩子!
……
慘遭小哲攻擊的老公果真懊悔不已

話說回來，我們阿貢真的很厲害。
罵
罵
聽到我們作罵小哲，起身瞧了一眼……
看
嘆了一口氣……
呼～
!
躺下
……

瞧阿貢一副老神在在的模樣，
我的氣都消了……
看來我們應該學學阿貢的好脾氣。

小哲的眼神又變得溫順可愛

時序進入五月。
燕子飛翔天際。
庭院裡的玫瑰盛開，心情也跟著開朗起來。
而且我們家的暴犬……
!
眼神又變得溫順可愛……！
閃亮

感覺附在牠身上的
「某種東西」總算抽
離似的。
喔喔！

竟然乖乖地
等我幫牠
備飯。
總算有點改邪歸正了！
等
感動

但也不是全然變好。

譬如出門散步時，牠會撿掉在路上的面紙狂咬。

真是搞不懂你！面紙裡藏著什麼東西嗎？

小哲是那種一旦咬住就死不放的那種個性……

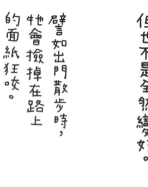

趕快向教養師請教如何遏止牠這種行為的方法。

其1 讓牠鬆口的緊急措施

一發現牠咬住東西就快跑!!

狗狗吃東西時，是一下子咬住，一下子鬆口，所以突然快跑時，牠嘴裡咬住的東西就會掉落。

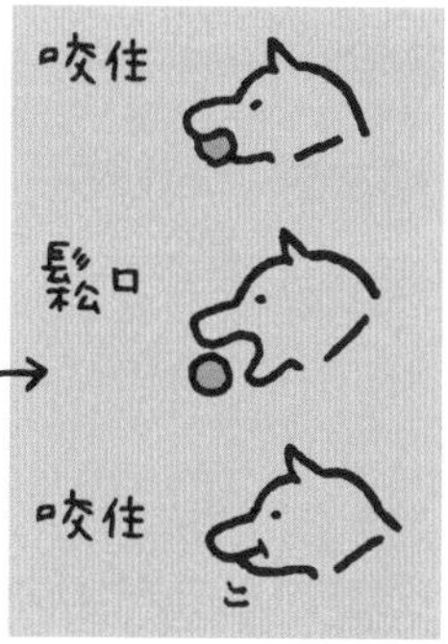

突然快跑時，東西掉落就很難再拾回。

突然發狂似的快跑！

連同行的友人也嚇一跳，但沒時間說明！

總之這麼做就能遏止小哲將面紙吃下肚。

亂吃面紙的對策

其2 配合指令鬆口的練習

❶ 先用玩具練習……

❷ 突然別過臉，停止動作。

❸ 耐心地等小哲鬆口。

❹ 當牠鬆口的同時，說一句「off」。

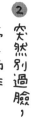

5
馬上將玩具舉高，
叫小哲坐下之後
再重複練習。
端坐！

每天反覆
練習就對了。
嘖
沒耐心每天
練習的男人
→

我可是每天
都照表操課呢！
所以小有成果囉！
off！
果然
一下指令，
小哲馬上
鬆口！
肯練習就一定OK！
拍手、拍手！

某天我外出時，媽媽來我家玩。
阿貢—
小哲—
啊！
掉
小哲迅速咬走媽媽掉的手帕！
溜—
咬
我先前就再三叮嚀過媽媽。
千萬不能在小哲面前拿出毛巾之類的東西哦！
也不能站在小哲後面！
不要隨便摸小哲！
就算小哲身上沾著什麼東西，也不能幫牠拿掉！
怎麼辦……直美一定會生氣……
顫抖~
啊對了!!
老公想到一招妙計。
小哲早已咬住毛巾不放
嗚嗚
那就是突然大喝一聲……
小哲！
off！

啪
成功了—
好厲害!好厲害!
這下老公心情超好。
來,吃個零食吧!
我回到家。
我回來了~
這件事千萬別跟她說哦!!
噓—
好……
兩人竟然訂下密約……
可是隔天早上,老公忍不住誇耀他的功績。
說個不停
我喊一聲「off」,小哲就鬆開手帕呢~
哦、嗯……
瞄
明明都是我在幫牠練習啊!
溜~
總之「off」這項練習還滿成功的。

右手受傷，
真的很不方便。
不過還能
拿筆畫畫
就是了。
抽痛
必須畫一下，
休息一下才行……
當然洗東西
也OK，傷口不
至於太痛。
用超市的塑膠袋
包著，避免傷口感染
阿貢
小哲
小趣事4

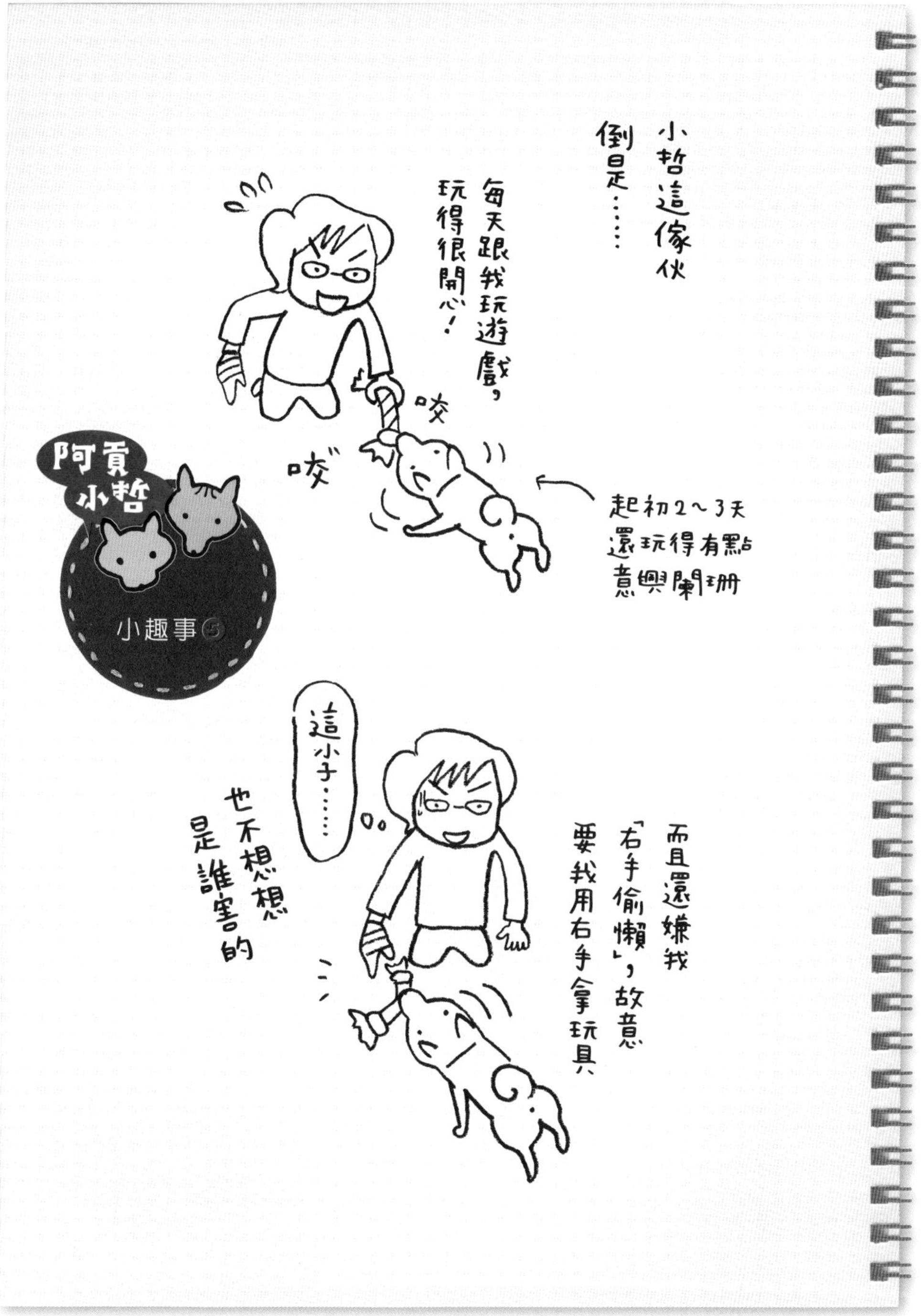
阿貢小哲
小趣事⑤
小哲這傢伙倒是……
每天跟我玩遊戲，玩得很開心！
咬
咬
起初2～3天還玩得有點意興闌珊
而且還嫌我「右手偷懶」，故意要我用右手拿玩具
這小子……
也不想想是誰害的

阿貢與小哲的寫真日記

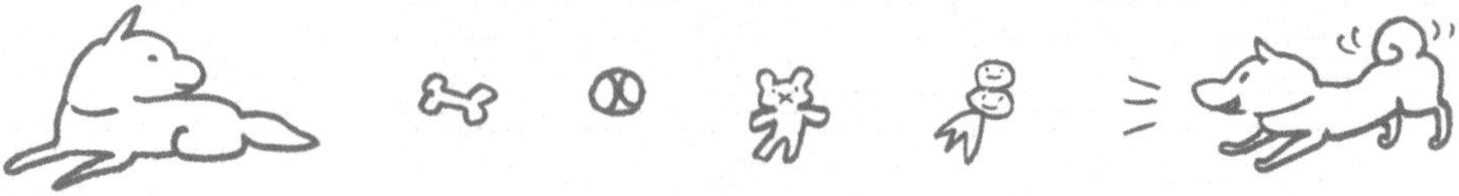

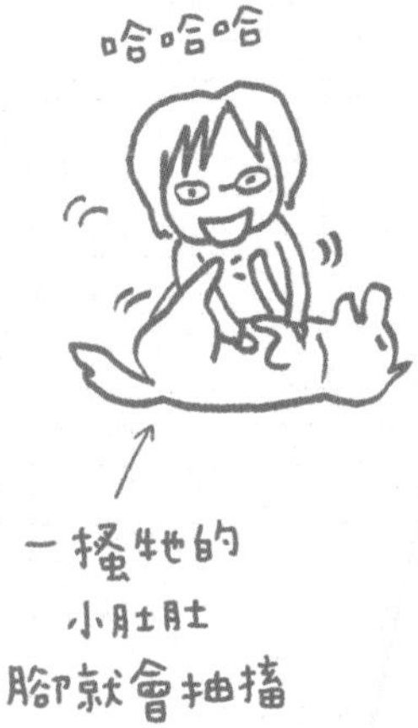

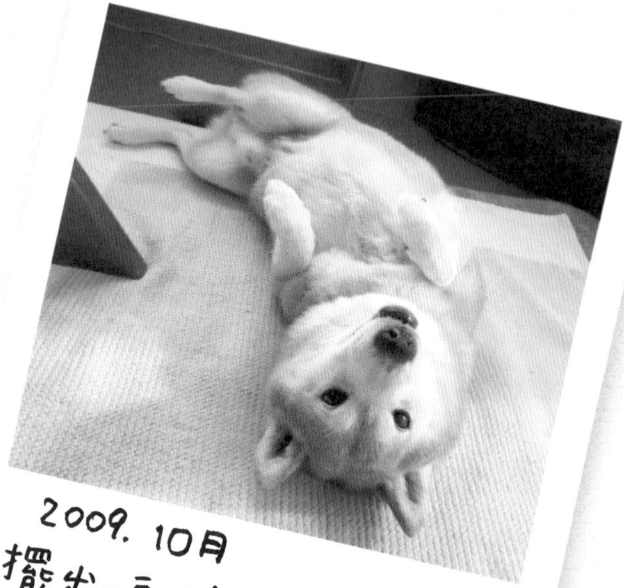

2009. 10月
擺出一副慵懶狀的阿貢。

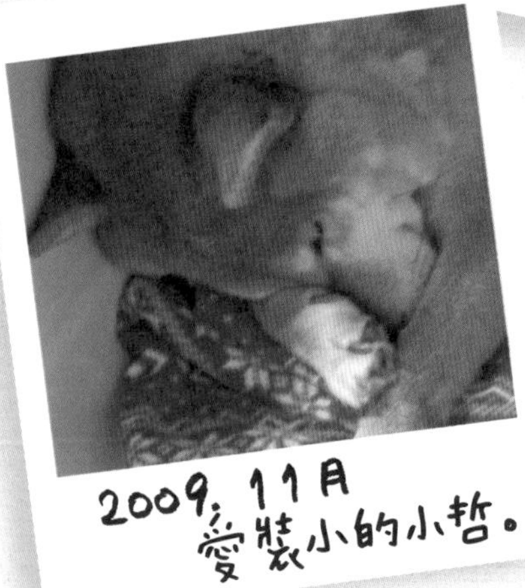

2009. 11月
愛裝小的小哲。

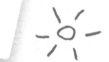

早晨散步 其一
蓮池

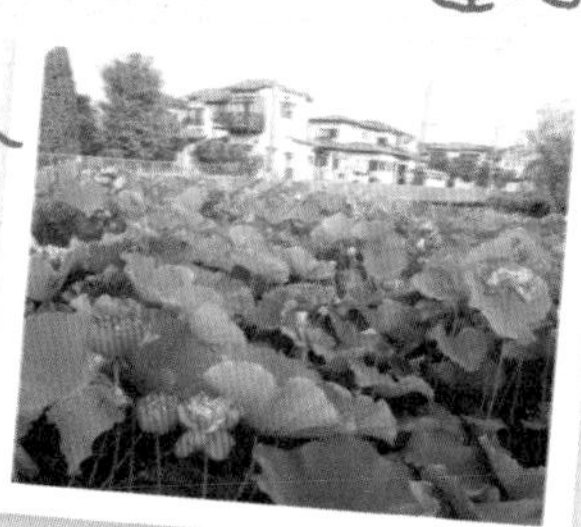

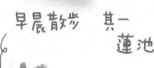

早晨散步　其二
江之島的入口

2010.6月
三個男人。

快從
墊子掉下來的阿貢

2009.10月
兩個裝乖的傢伙……。

今天心情好！
照相時，神清氣爽的
小哲

講悄悄話
……

最近我家迷上
咖哩口味的
下酒菜！

夏天一到，
用布巾做的
杯墊就派上
用場。

好想被阿貢
吸進去喔……

2010. 2月
悠閒的午後時光。

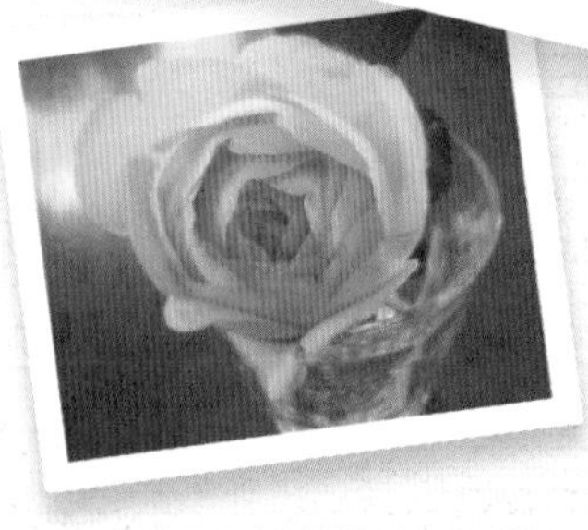

盛開的玫瑰，
好漂亮

不可以對客人
沒禮貌!

2010. 5月
很受客人歡迎的阿貢與小哲。

姪子來
家裡玩!

小畫家正在
幫我畫的阿貢
與小哲著色

總算開花了!
牡丹花

2010. 5月
在辻堂

~我家的花壇~
三色堇
粉蝶花

幹嘛窩在這裡啊？

2009.11月
屁股貼在一起。

有時會帶瓶酒，
外出野餐

幫小哲準備的是秋鮭便當

老公突然
變成蛋包飯達人！

可惜這般好手藝
只有三分鐘熱度……

2009.12月
阿貢連影子都好可愛喔！

阿貢與小哲的某日記事

阿貢的背影

傷腦筋樣

媽咪，
妳又喝酒啦？

過來這邊嘛！

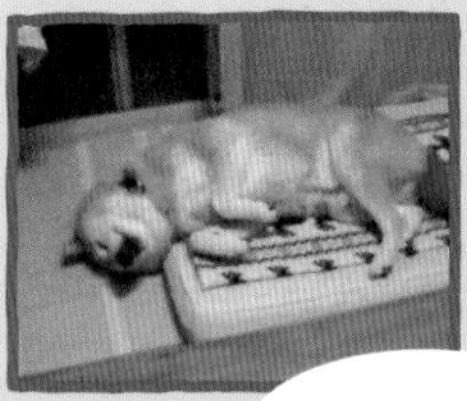

過來這邊……

前腳

交叉

伸直

再交叉

偷窺

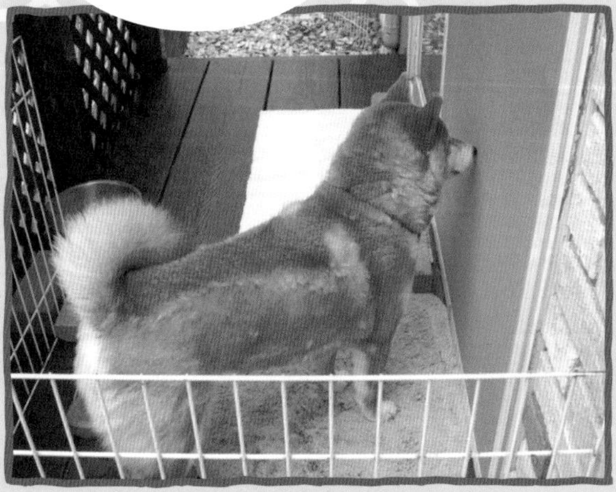
阿貢老大
該不會在
獨享美食吧！

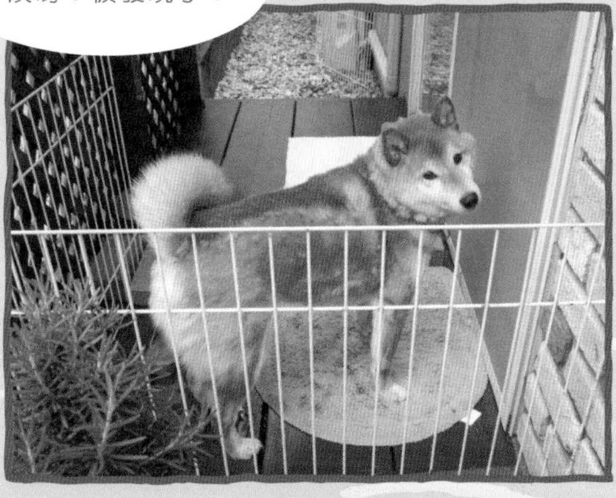
唉呀！被發現了！

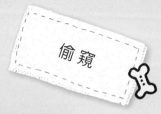

小哲的日光浴 1

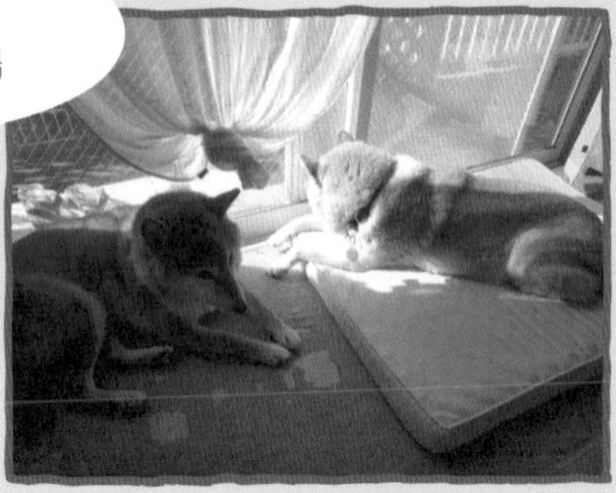
只有人家
沒曬到太陽

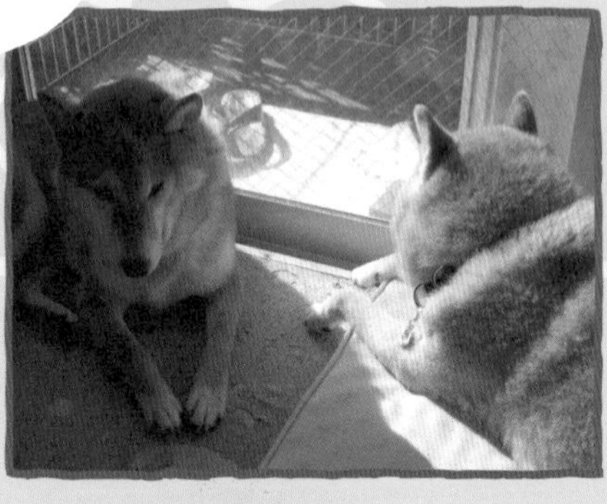
太陽公公怎麼
還不過來啊！

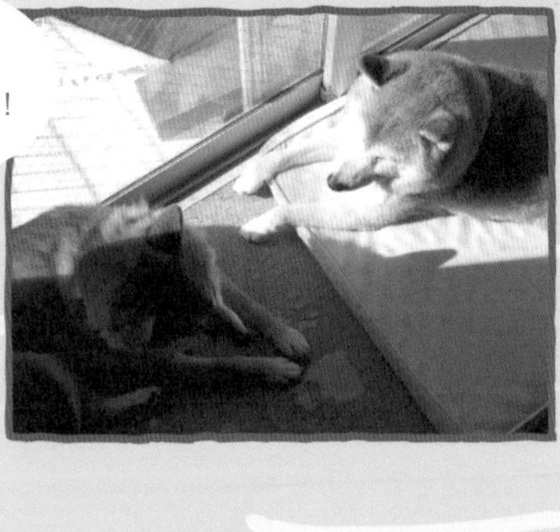
哈！
曬到了！

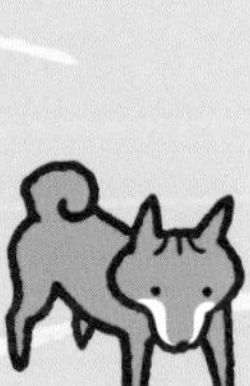

小哲的日光浴 2

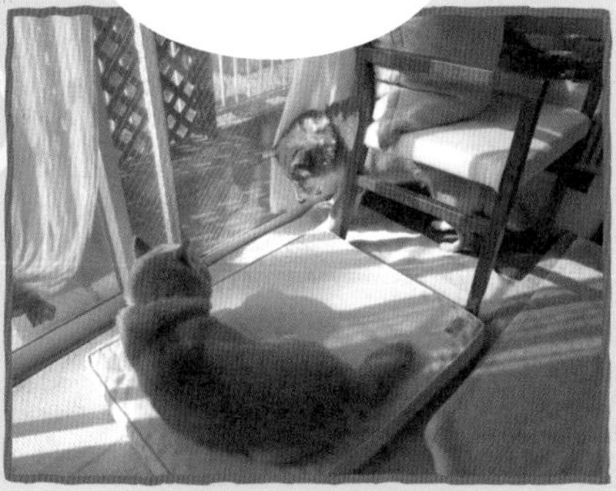
呃……
不好意思啦……

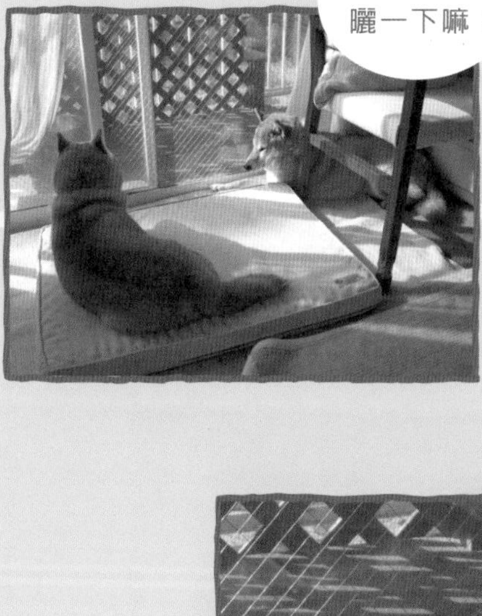
讓人家也
曬一下嘛！

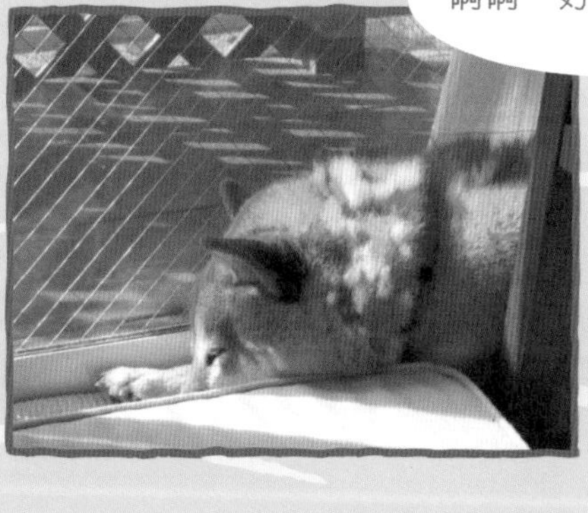
啊啊～好舒服喔……

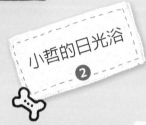

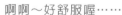

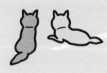

阿貢的窘樣

阿貢我還
很年輕呢！

不輸給
年輕小伙子！

咦？怎麼好想
夢周公……

睡臉

媽咪的寶貝

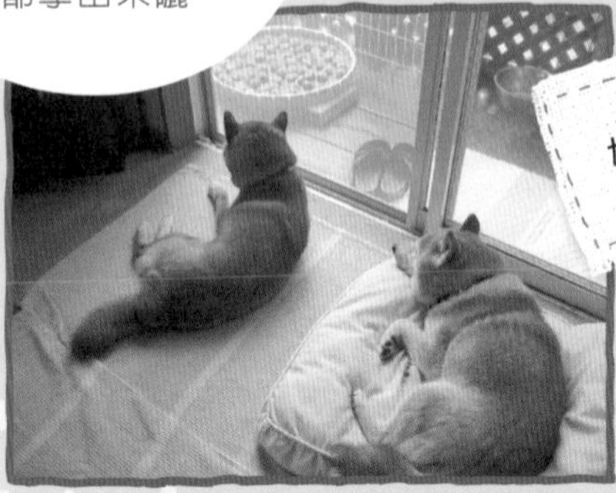
咦？
那是什麼啊？
媽咪每天
都拿出來曬

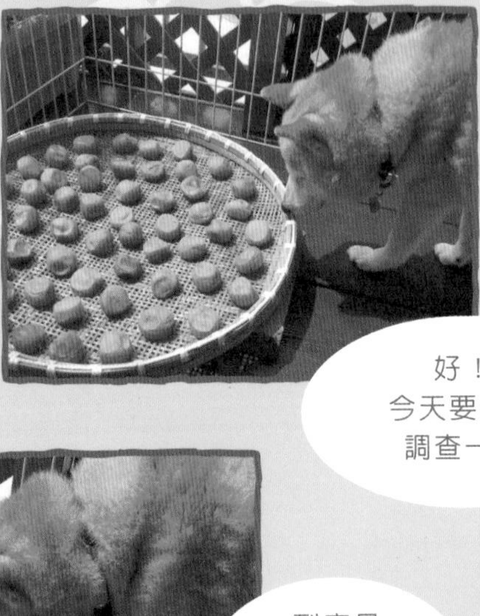
好！
今天要給它
調查一下

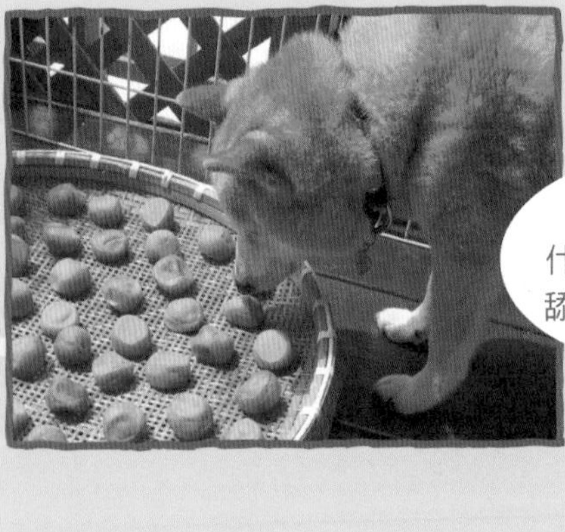
到底是
什麼東西呢？
舔舔看……！！

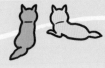

PART 3

阿貢與小哲的絕妙關係

打打鬧鬧的兄弟情

這個夏天，小哲3歲，
阿貢已經11歲了。
咦？小哲跑哪兒去了……
熟睡～
阿貢
很耐熱
毛色又變白了
相當於人類的60歲了。
小哲居然睡在浴室！
啊
這小子明明討厭洗腳，
卻把身體弄得濕濕的！
抬頭
醒—
身體都弄濕了……
這小子真怪～
後來小哲老是跑去浴室弄濕身體，想涼快一下。
別舔濕濕的腳啦！

就這樣平安無事地度過夏天，來到颱風季節，小哲牠……。
到哪兒散步都顯得興致缺缺……
陰沉沉
媽呀
乾脆坐在路中央，當起路霸
正餐也老是沒吃完，只想吃零食……
嗚
這小子知道我手上有零食
瞬間又變成三角眼了!!
怒
怒
嚇
外面稍微有點風吹草動，牠就怕得要死……
卡鏘卡鏘…
顫抖

總之，只要低氣壓一接近，小哲心情就很不爽的樣子。

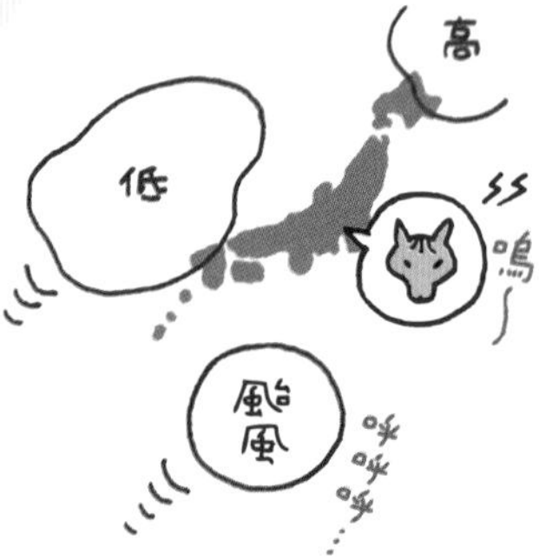

為了搶布偶熊，打成一團！

結果阿貢打輸了……

心情不好的卻是小哲？

不過吵歸吵，
兩個小傢伙的感情還是很好……。
兄弟倆的關係就是在
反覆的打架、和好中，
起了微妙的變化。

阿貢似乎已經
懶得跟小哲爭了。

不管玩得
再怎麼起勁……

都會把東西
讓給小哲。

相反地，
某個小傢伙的卻老是學不乖……。
某天晚餐後，
哇啊啊啊啊
老公的手被小哲咬了一口。
怎麼啦？
只是摸一下啊！
是不是逗牠逗得太過火啦？
不是提醒你要小心點嗎？
蛤？
啪！
注 想像圖

哼！怎麼會搞成這樣呢？
沒辦法啊！牠正值叛逆期呀！
後來又扯到教養問題……
拜託！只是隻狗罷了！
蛤？
我都有認真練習耶！
狗也會有失控的時候啊！我們都已經這麼努力了！
我承認那天有喝點酒啦！
總之就這樣哭著睡著了。
趴
太過分了～
嗚嗚……

一般這時候不是都會幫我蓋條毛毯嗎?
沒想到老公竟然丟下我，偷溜出去。
嘶
然後又偷偷回來……
超市
嘶
嘶
什麼嘛!竟然跑去買泡麵回來煮……
煮~
煮~
還大快朵頤!!
稀哩呼嚕……
再強調一次，我可是有煮晚餐哦!

好香喔……
?
嗅嗅
唏哩呼嚕
泡麵啊!
喂—你在吃什麼啊?!
起身
可惡~也不叫我一聲……
我也要吃!!
呼—好滿足喔!
我們就這樣忘了剛才吵架的事。
即便吵架也會馬上和好，
這點好像和誰很像啊?!

小哲的狗語真難懂！

12月充滿濃濃的聖誕氣息。
寵物用品
要買什麼給那兩個小傢伙好呢……？
傷腦筋～
啾～
搶購中！

那就買這個吧！同樣的買兩個。
不然肯定會打起來吧！
麻煩幫我包起來。
啾—
一壓肚子就發出聲音

聖誕夜終於來到！
好期待拿出新玩具的那一刻喔～♫
來
什麼？
什麼？
卡沙！
卡沙！
明明同時拿給牠們……
這是給你們的禮物！
咬
咬
啊
小哲馬上奪走
阿貢的玩具！
先藏好自己的
沙
而且我想拍照存證，
牠還發飆哩！
嗚
哼——
聖誕夜竟然擺出這種臉！
希望我家能夠平安……
家裡依然充滿肅殺之氣。

這是某天晚上發生的事。
阿貢一如往常
在洗手間吃飯，
小哲則在客廳吃飯，
然後採多次添加的方式。
?
最後再用零食
交換吃完的食盒……
小哲卻怎麼樣
都不讓我拿走食盒。
嗚
咆嗚
難道這一招
已經行不通了嗎?!

不然我先準備晚餐等一下再去收吧
真是的……
小哲就這樣捍衛了30分鐘……
心情好一點了嗎？
咆嗚
結果害我連客廳都不敢進去!!
還不死心?!
這期間阿貢一直待在洗手間
不巧這一天老公要通宵加班。
今天不回來?!
啥—?!
我只能在工作室吃晚餐……
搞得我都沒食慾了……
老是讓阿貢關緊閉也不是辦法，大家一起避難吧！
今天去2樓睡覺吧！
阿貢似乎很不安，在門口走來走去。
嗅
嗅
嗅
你要下去嗎？會惹毛小哲哦！
阿貢只好乖乖地準備睡覺。
躺下
臨時用我的舊毛衣和毛巾做了個小床。
小哲則是抓狂到凌晨一點，整整鬧了六小時。
不會吧?!
嗚—
超頑固的傢伙……

搞得那天晚上我根本沒辦法睡覺
送報紙的嗎？
鈴鈴鈴～
就在我發呆時……
咚！咚！咚！咚！
一樓好像有人在敲窗子！
想尿尿嗎?!
咚！咚！
完全失去攻擊性的小哲。
尿～
呼
跑去庭院尿尿的牠，回來一臉神清氣爽!!
回復正常
可憐的我這天卻失眠了，窩在棉被裡東想西想。
怎麼辦？
胡思亂想
還是關起來吃飯呢？
可是要怎麼收回食盒呢？
去
還是讓牠去門口那邊吃飯？但萬一牠一直霸佔門口就傷腦筋了……
要是這樣就慘了……
感覺又回到一年前的狀況，超沮喪……。

後來小哲又突然抓狂。
只是幫你收個食盆，抓什麼狂啊？
嗚—
還是第一次這樣呢!!
只好先讓阿貢待在洗手間，直到小哲情緒穩一點。
你先待在這裡一下下哦！
還圍起安全柵欄
工作了一個小時之後，我過去看看……
沙、沙
柵欄被推倒，洗手間裡竟然空無一狗?!
阿貢跑哪去了?!
空—
肯定嚇得躲去哪裡了?!
小哲
咦?
阿貢的狗窩裡隱約有個身影……
原來阿貢自己跑回窩裡。
阿貢!
哈呼呼呼!
一臉老神在在……

也就是說阿貢……
自己推開柵欄……
推～
然後觀察小哲的情緒似乎比較好之後……
看……
悄悄地從牠身旁走過……
慢吞吞
慢吞吞
鑽進自己的狗窩囉……
真是勇氣可嘉啊！

想想，不管小哲再怎麼挑釁，
阿貢始終都會包容牠，
絕不會和牠翻臉。

好強喔……
阿貢太了不起了。

所以我也要拿出勇氣，
或許自己一直太
反應過度也說不定。

一定沒問題的！絕對不會再像去年那麼慘！
因為真的有花時間和小哲溝通呀！
所以牠一定會進步的！

我趕緊向教養師
報告這件事，得到這樣的回覆：
「妳一定能成為最了解小哲的好主人！」
我真的好開心喔！

儘管如此，
小哲的「狗語」還是很難懂，
實在不太懂牠到底在想什麼。

甚至霸佔廚房和客廳，威脅我不得進入客廳。
汪嗚
汪嗚
完全搞不懂這傢伙到底想幹什麼!!

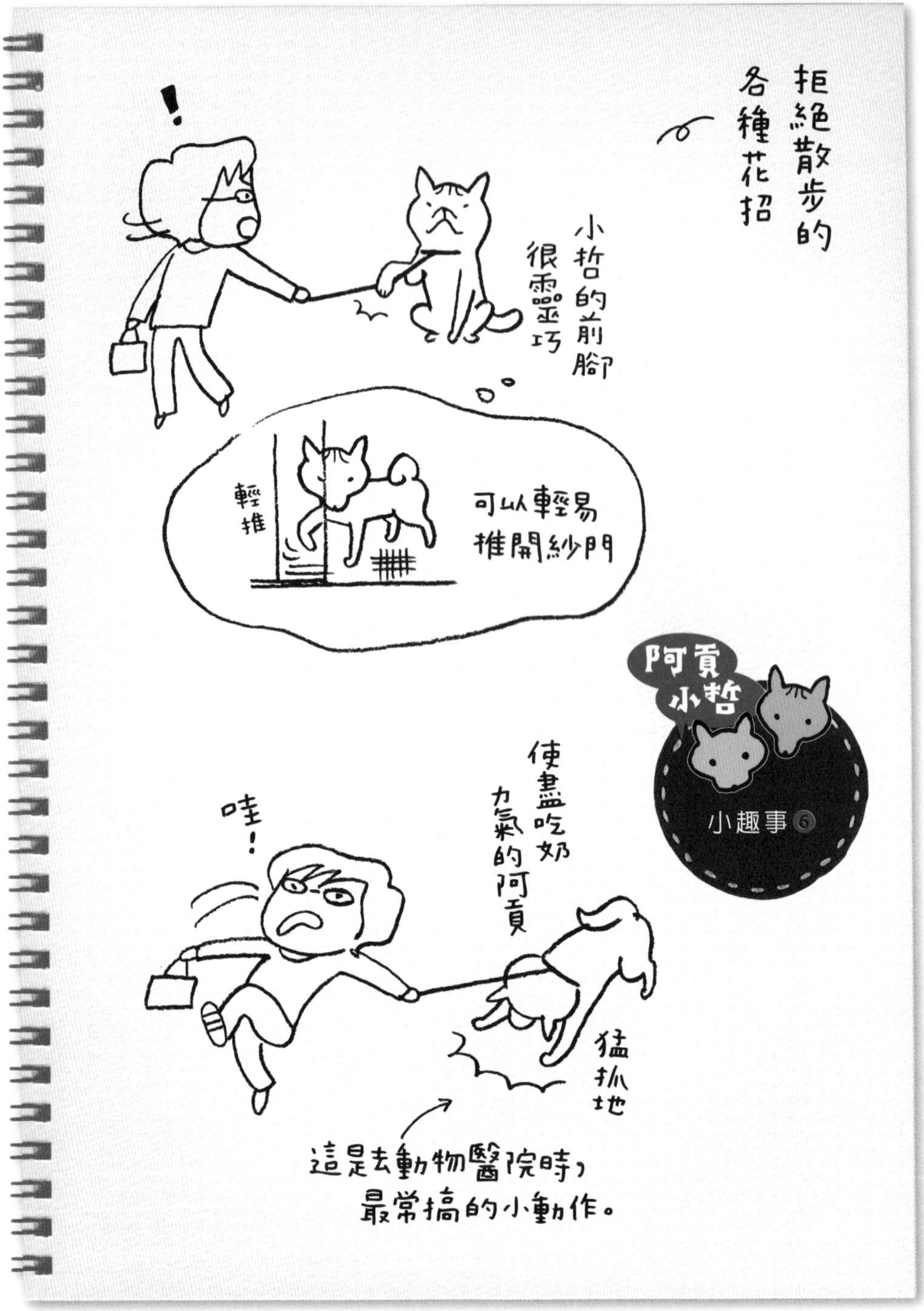
拒絕散步的各種花招
！
小哲的前腳很靈巧
輕推
可以輕易推開紗門
阿貢小哲
小趣事6
使盡吃奶力氣的阿貢
哇！
猛抓地
這是去動物醫院時，最常搞的小動作。

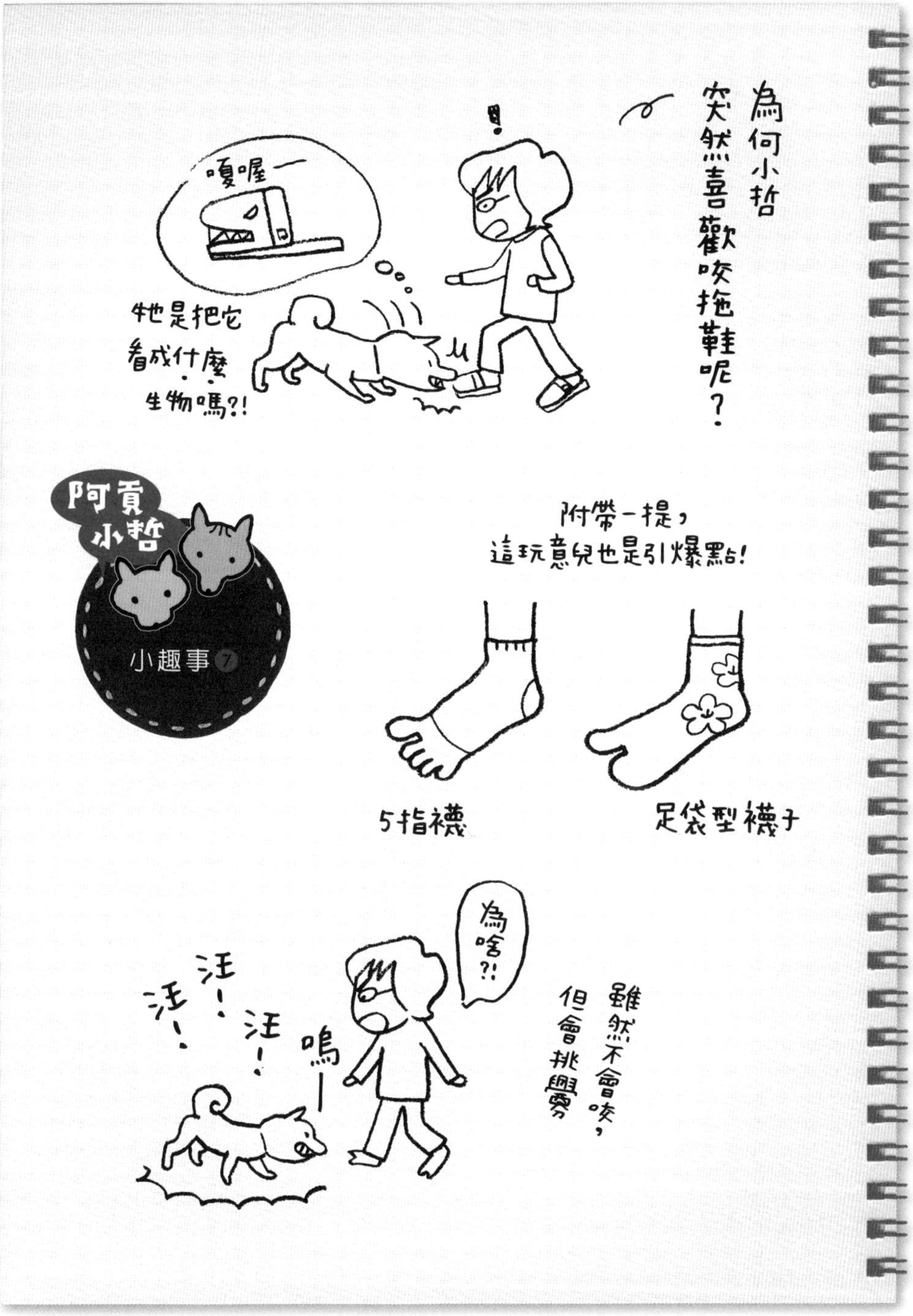
為何小哲突然喜歡咬拖鞋呢？
嘎喔—
牠是把它看成什麼生物嗎?!
阿貢小哲
小趣事7
附帶一提，這玩意兒也是引爆點!
5指襪
足袋型襪子
為啥?!
雖然不會咬，但會挑釁
汪！
汪！
汪！
嗚—

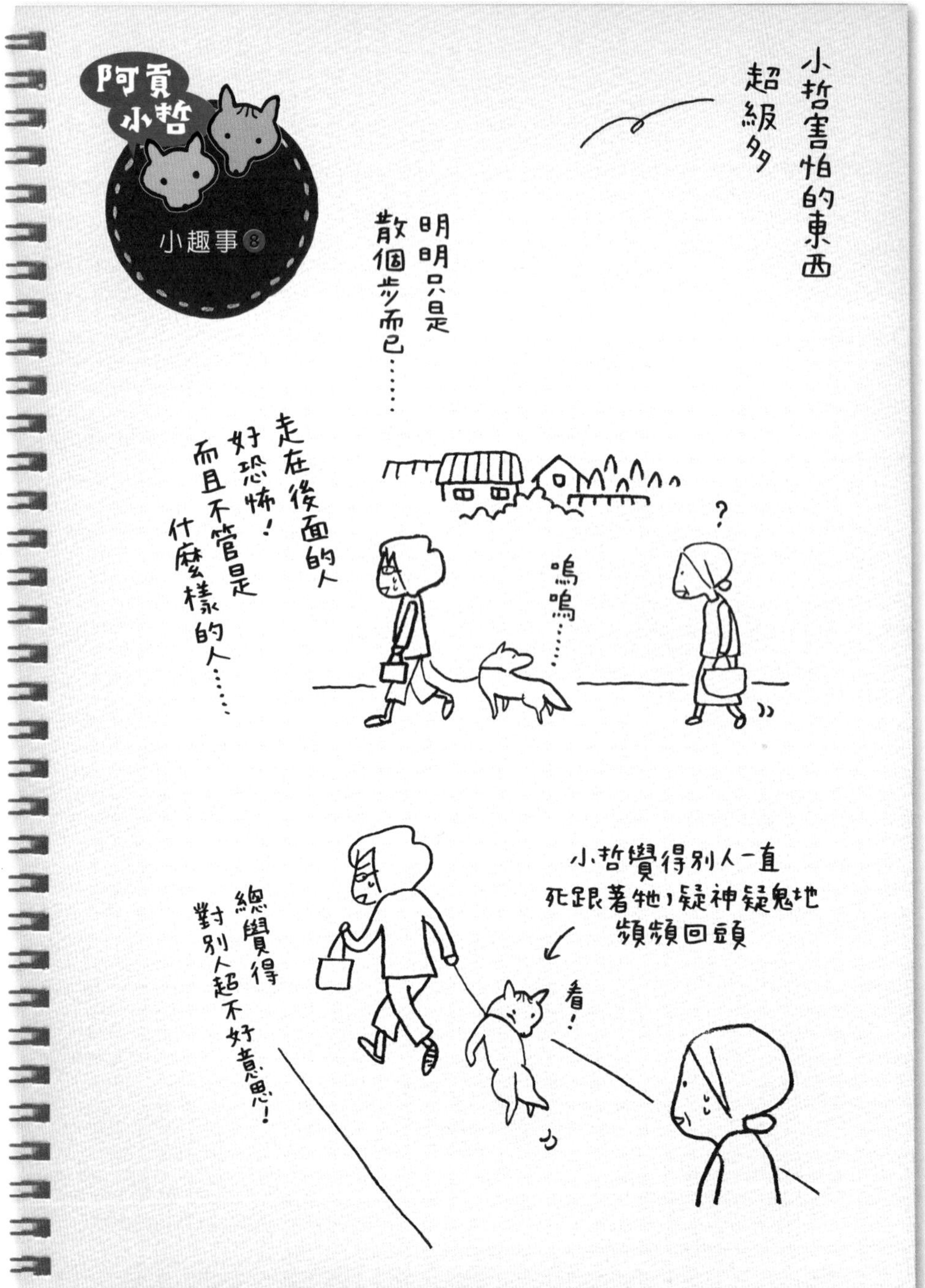
阿貢小哲
小趣事8
小哲害怕的東西
超級多
明明只是
散個步而已……
走在後面的人
好恐怖！
而且不管是
什麼樣的人……
嗚嗚……
?
小哲覺得別人一直
死跟著牠，疑神疑鬼地
頻頻回頭
看！
總覺得
對別人超不好意思！

PART 4

哥倆好的每一天

老大換人做

小哲也有心情特別好的時候。
呵呵……
真是個隨興的傢伙啊！
滾
滾
滾
好危險
啊
睡覺時萬一不小心碰到，阿貢可是會發飆呢！
呼
小哲也怕阿貢發飆的樣子。
怕 怕
起身
……
不過阿貢還是不動如山就是了。

看來已經不用擔心
這兩個傢伙處不處得來了。

只要看阿貢
就知道小哲
在想什麼。
嘿嘿—
汪汪汪!!!
汪汪汪汪!!!!

我也樂得輕鬆許多。

就算被小哲挑釁，
阿貢也只會動口，
不會真的動手。

總覺得
吃虧的總是
阿貢耶……
是喔……

其實，我覺得
現在這樣挺不錯哩!!

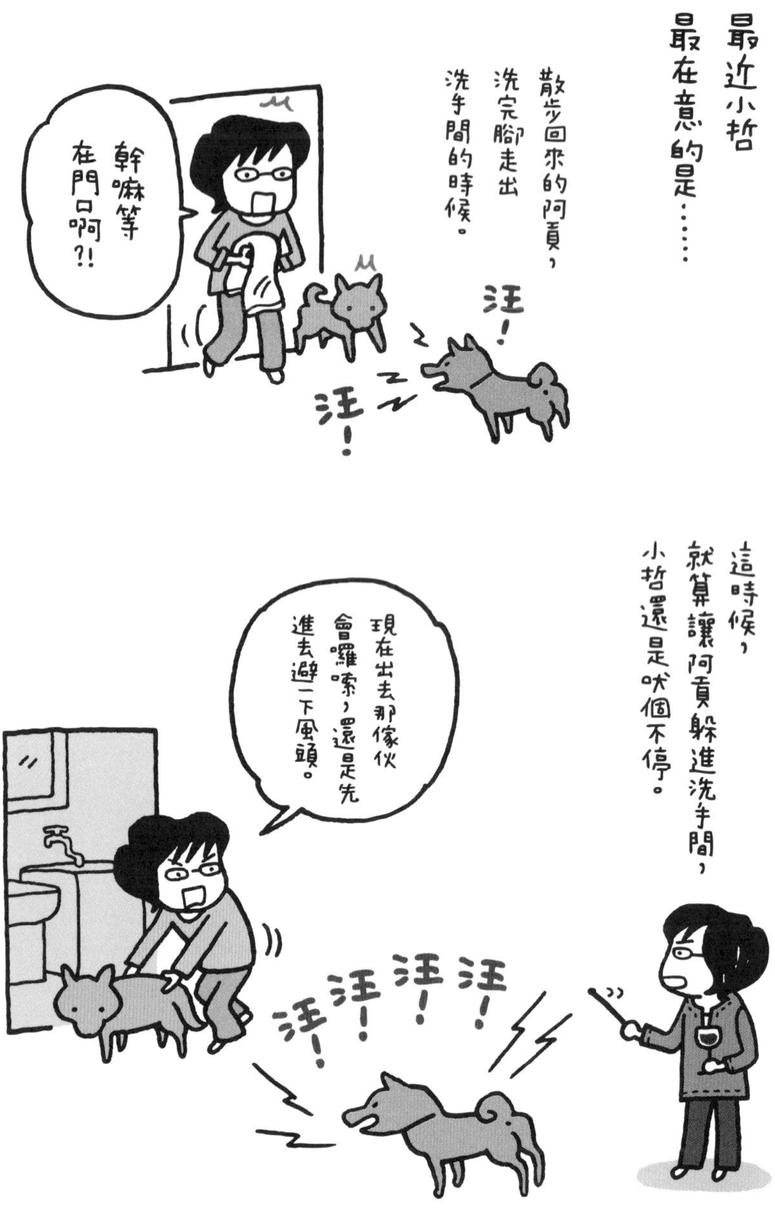
最近小哲
最在意的是……
散步回來的阿貢，
洗完腳走出
洗手間的時候。
幹嘛等
在門口啊?!
汪!
汪!
這時候，
就算讓阿貢躲進洗手間，
小哲還是吠個不停。
現在出去那傢伙
會囉嗦，還是先
進去避一下風頭。
汪!
汪!
汪!
汪!

可是放著不管……
不管了。
我要工作了。
……
過一會兒，火爆小子又變乖了。
還有我和阿貢散步回來時，牠也會等在門口叫囂。
回來囉——
汪汪汪！！！
直到現在還是搞不懂小哲到底在吠什麼……
我看八成是在吃醋吧！
哦～

對了！那個時候也是……
小哲霸著客廳，吠個不停。
衝過來—
因為牠看到我抱著阿貢去洗手間，所以很不爽。
啦啦～
啦～
妳不可以只疼阿貢！
汪！
怎麼可以只有你們兩個去洗手間！
汪！
汪！
總算聽得懂小哲的狗語！

還有一個很重要的發現，
就是兩狗之間的排名。

小哲 第2名　阿貢 第1名

从前無論吃飯還是散步
阿貢都享有優先權。

小哲 第2名？　阿貢 第1名？

雖然論體力，小哲當然優於阿貢，
但我們都認為阿貢不怒而威的氣勢更勝小哲。

萬一哪天兩狗排名互換呢？

阿貢我當老2就行了。
叫我小哲第1名啦！
衝—
難不成小哲發飆是在控訴這件事？

記得教養師曾說過……
要是「這一天」真的到來，
就得尊重狗狗們的決定才行!!

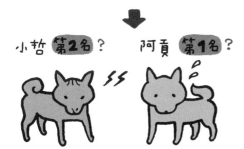

對飼主來說，
那是最痛苦的一刻……
DOG FOOD

今天得讓小哲
優先用餐。
阿貢，對不起啦！

阿貢總是靜靜地
等待牠的三餐。

從此不管是吃飯還是散步，
我們一喊，小哲就會跑第一。

三天後，
小哲就不再
無緣無故亂吠了。

野餐？
咦？野餐…
帶小哲去？
向教養師諮詢過後，
她提議我們
不妨帶小哲外出用餐，
好比野餐之類的。
這麼一來可以改掉牠老是
霸佔某個地方的毛病。
小哲，
隨便哪裡
都可以吃飯啊！
不需要霸佔
客廳吧！
這裡是
老子吃飯的地方！

雖然如此，
我可是壓根兒沒想過要帶牠去野餐，
倒是會在公園餵牠零食就是了！
哈哈哈
呀
呼嘯—
快吃啊！
滾
滾
❶ 問題是誘惑太多，
靜不下心吃東西。
這時，我的腦子裡
浮現兩種情形……。
呃……
怎麼辦哩？
發生什麼事了嗎？
沒事啦……
咆嗚—
❷ 果然守著食盆

先讓小哲在外頭等，我準備便當。
還是試試看囉！
多少會改善吧！
咬起來脆脆的狗食
汆燙過的魚肉
準備小哲喜歡吃的東西，好讓牠吃快一點。
放在有蓋子的盒子裡
我們走囉！
阿貢，你慢慢享用囉！
公園裡剛好有張長椅。
好！就決定這裡啦！
坐下

小哲好像很驚訝
怎麼會在這裡
吃飯的樣子。
打開
以防牠吃得一地都是，
所以我拿著飯盒。
吃吧！
太好了！吃了耶！
吃完最後一口，
就要趕快收起來。
收
嚼
嚼
YA！搞定啦！

沒想到這一招……
挺管用耶!!
因為不需要用到盤子
＝
也不用擔心收不回來
而且吃完馬上走人就行了
嚼嚼
阿貢也能安心吃飯！
不用再躲在洗手間了！
竟然順利解決一天中最棘手的事！
不像從前還要擔心這、擔心那的
小哲今天好像不太爽的樣子……
看來吃飯時又有一番苦戰了～
要這樣那樣才行……

讓老公星期天也來體驗一下。
特嚼
大嚼
收
哦
收
蛤？去公園？
好怪喔
是啊！
這樣就搞定了嗎？
安啦！
嘻！
今天阿貢也要一起去野餐，我都準備好囉！
不需要再用那一招囉！
去！

野餐策略產生的便當效應
1
我發現，
不必再用盤子！
在家裡應該也不需要盤子吧？
嚼嚼
只是一口一口餵，
不曉得要餵到何時。
照這樣下去，
遲早會……
最後一口嗎？
不給你？
咬住！
就算是這樣，
牠也拿我沒轍！
討厭啦！
為啥沒早一點
發現這一招啊！
真是恍然
大悟啊！！

野餐策略產生的
便當效應
2
準備出門散步時，
我走到哪，小哲就跟到哪。
看
知道我有「帶著便當」，
小哲不管走多遠都不嫌累！
真是充分運動啊！
步伐也變得
輕盈許多呢……
快走
快走

難不成能走到海邊?!
以前小哲走一段路就不願意走，
所以我們都是開車去海邊……。
明明走路到海邊只要30分鐘，
我們卻一次也沒走到！
穿過小哲最討厭的天橋下方……
喀噹
喀噹
喀噹
喀噹
總算穿過囉！
穿過沼澤地……
快走
快走
以前是不可能走到這裡的
看見江之島囉！
喀噹
喀噹
喀噹
喀噹
喀噹
喀噹
喀噹
喀噹
喀噹
喀噹

到了……
太棒了～
我們終於走到了!!

呵……
沙沙～
可惜這一天浪很大，
小哲有點害怕的樣子，
不過能夠走到這裡，
已經很厲害啦!!
怕怕～
尾巴下垂……

春日瀾漫
後來我和小哲
有時也會散步到海邊。
小哲一臉沉穩地
避開浪花走著。
這小子可真跩……

雖然一開始
不太適應在公園用餐……
哦？在這裡吃飯啊？
嗯，是啊……
汪！

按照自己的方式……
去做就對了
今後也會繼續
尋找對於阿貢、小哲
以及我們家來說，
最適合的生活方式。

走吧！阿貢還在家裡等我們呢！
就是這樣囉！

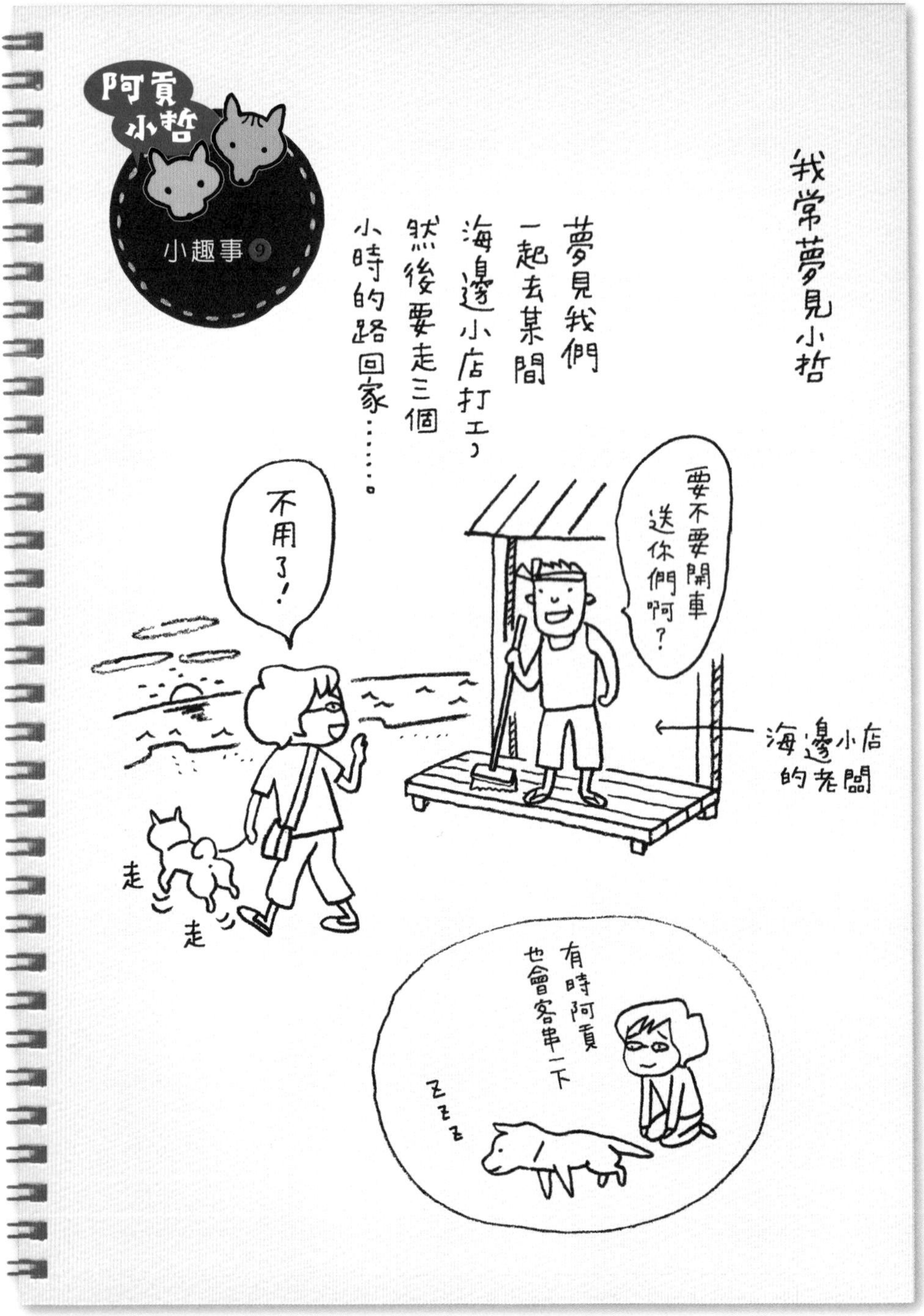
阿貢小哲
小趣事9
我常夢見小哲
夢見我們一起去某間海邊小店打工，然後要走三個小時的路回家……。
要不要開車送你們啊？
不用了！
海邊小店的老闆
走
走
有時阿貢也會客串一下
ZZZ

不然就是夢見在瓦礫堆裡找尋小哲。
場景設定為帶小哲去逛百貨公司時，遇到大地震，大樓倒塌。
小哲～
哇啊啊啊！
小哲
小哲ー
小哲
還會真的大哭大喊
結果隔天早上嗓子都啞了……
阿貢小哲
小趣事 10

後記

今天早上預定寫這篇「後記」。

好久沒被小哲搞得手忙腳亂了。

這傢伙咬傷我老公的手，還有我的腳，兩人各貼上一塊好大的ＯＫ繃。

老公邊貼ＯＫ繃，邊說：

「呵……（苦笑）這幾年，小哲已經跟ＯＫ繃畫上等號啦！」

記得只有鞋子磨腳，還有被小哲咬傷時才會貼ＯＫ繃。

那麼，之前又是什麼時候貼ＯＫ繃呢？

一時想不起來。

總之有好長一段時間，我們家都過著安穩的日子。

一定沒問題的，每天都有進步……。

想起更早之前那段地獄般的日子（笑），
我就有種苦盡甘來的感覺。

雖然這本書的書名叫做《別鬧了，柴犬小哲：原來小狗也有叛逆青春啊！》，
不過小哲算是比較少見的案例就是了。
不管狗狗基於什麼原因變得很叛逆，
搞得彼此關係很差時，如果讀者因為看了這本書，
而想了解一下愛犬的「心情」，就是我最開心的事了。

最後，我要感謝總是鞭策我努力寫稿的編輯加藤玲奈小姐，
以及設計出如此可愛之書的五味朋代小姐。
還有，由衷感謝親切的教養師。

２０１０年10月　影山直美

TITAN 095

別鬧了，柴犬小哲：原來小狗也有叛逆青春啊！

影山直美◎圖文　楊明綺◎翻譯　郭怡伶◎手寫字

出版者：大田出版有限公司
台北市10445中山北路二段26巷2號2樓
E-mail：titan3@ms22.hinet.net
http：//www.titan3.com.tw
編輯部專線（02）25621383
傳真（02）25818761
【如果您對本書或本出版公司有任何意見，歡迎來電】
行政院新聞局版台業字第397號
法律顧問：甘龍強律師

總編輯：莊培園
副總編輯：蔡鳳儀
編輯：林立文
行銷主任：張雅怡
行銷企劃：張家綺
校對：鄭秋燕
美術設計：郭怡伶

印刷：上好印刷股份有限公司（04）23150280
初版：2013年（民102）十月一日　定價：230元

國際書碼：978-986-179-307-8　CIP：437.35

廣	告	回	信
台北郵局登記證			
台北廣字第01764號			

平　　信

To：**大田出版有限公司**　（**編輯部**）**收**

地址：台北市10445中山區中山北路二段26巷2號2樓

電話：（02）25621383　傳真：（02）25818761

E-mail：titan3@ms22.hinet.net

＊請沿虛線剪下，對摺裝訂寄回，謝謝！

From：地址：______________________________

姓名：______________________________

寄回本書讀者回函，就有機會獲得：

時尚雙色項圈　或

愛萱妮天然香氛護色沐浴乳 乙份，

共抽出11位獲獎讀者。

（上述贈品均有兩種顏色／氣味，隨機出貨）

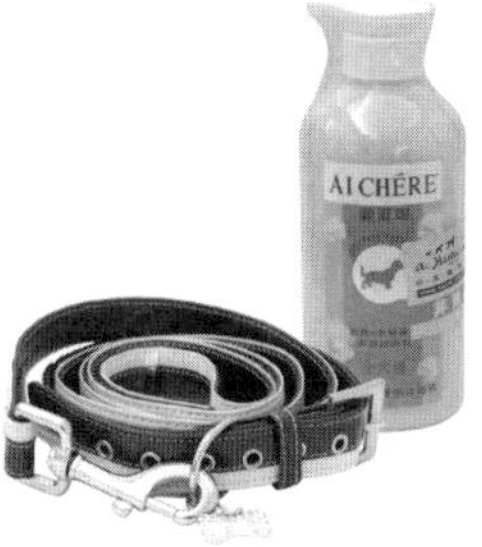

a. yumi／愛犬と生活
Dog styles
日・系・寵・物・精・品
WWW.AYUMI-DOGSTYLE.COM　感謝贊助

活動時間：即日起至2013/11/30

注意事項：

1.主辦單位保留活動辦法修正及更換贈品的權利

2.有關贈品專業諮詢，請洽愛遊衣國際有限公司

　營業時間：周一至周五 9:00~18:30

　公司地址：106 台北市大安區復興南路二段173號二樓之一

　客服信箱：service@ayumi-dogstyle.com

3.得獎公佈：2013年12月10日

　大田編輯病部落格：http://titan3.pixnet.net/blog

※請沿虛線剪下，對摺裝訂寄回，謝謝！

讀 者 回 函

你可能是各種年齡、各種職業、各種學校、各種收入的代表，
這些社會身分雖然不重要，但是，我們希望在下一本書中也能找到你。

名字／____________性別／□女 □男　出生／______年_____月_____日

教育程度／

職業：□學生 □教師 □內勤職員 □家庭主婦 □SOHO族 □企業主管
□服務業 □製造業 □醫藥護理 □軍警 □資訊業 □銷售業務
□其他 ______________________

E-mail/______________________ 電話／______________

聯絡地址：

你如何發現這本書的？　書名：別鬧了，柴犬小哲：原來小狗也有叛逆青春啊！

□書店閒逛時________書店 □不小心在網路書站看到（哪一家網路書店？）________
□朋友的男朋友(女朋友)灑狗血推薦 □大田電子報或編輯病部落格 □大田FB粉絲專頁
□部落格版主推薦 ______________________
□其他各種可能，是編輯沒想到的 ______________________

你或許常常愛上新的咖啡廣告、新的偶像明星、新的衣服、新的香水……
但是，你怎麼愛上一本新書的？

□我覺得還滿便宜的啦！ □我被內容感動 □我對本書作者的作品有蒐集癖
□我最喜歡有贈品的書 □老實講「貴出版社」的整體包裝還滿合我意的 □以上皆非
□可能還有其他說法，請告訴我們你的說法

____

你一定有不同凡響的閱讀嗜好，請告訴我們：

□哲學 □心理學 □宗教 □自然生態 □流行趨勢 □醫療保健 □財經企管 □史地□傳記
□文學 □散文 □原住民 □小說 □親子叢書 □休閒旅遊 □其他 ______________

你對於紙本書以及電子書一起出版時，你會先選擇購買

□紙本書 □電子書 □其他______________________

如果本書出版電子版，你會購買嗎？

□會 □不會 □其他______________________

你認為電子書有哪些品項讓你想要購買？

□純文學小說 □輕小說 □圖文書 □旅遊資訊 □心理勵志 □語言學習 □美容保養
□服裝搭配 □攝影 □寵物 □其他 ______________________

請說出對本書的其他意見：

大田出版有限公司編輯部 感謝您！